AF814641

SITZUNGSBERICHTE DER SÄCHSISCHEN AKADEMIE
DER WISSENSCHAFTEN ZU LEIPZIG

Mathematisch-naturwissenschaftliche Klasse
Band 120 · Heft 4

HANS JÜRGEN RÖSLER

WAS SAGT EIN MINERAL ÜBER SEINE GESCHICHTE AUS?

BETRACHTUNGEN ZUR GENETISCHEN MINERALOGIE

Einführung in die anorganische, geochemische Methodik und deren Einsatzmöglichkeiten

Mit 19 Abbildungen

AKADEMIE-VERLAG BERLIN

1988

Vorgetragen in der Sitzung am 10. Januar 1986
Manuskript eingereicht am 13. November 1986
Druckfertig erklärt am 7. März 1988

ISBN 3-05-500498-1
ISSN 0371-327X

Erschienen im Akademie-Verlag Berlin, DDR-1086 Berlin, Leipziger Straße 3–4
© Akademie-Verlag Berlin 1988
Lizenznummer: 202 · 100/380/88
Printed in the German Democratic Republic
Gesamtherstellung: VEB Druckhaus „Maxim Gorki", 7400 Altenburg
LSV 1425
Bestellnummer: 763 830 0 (2027/120/4)

00400

INHALTSVERZEICHNIS

1. Geschichte und Genese

In den Vorträgen, die auf den Sitzungen der Sächsischen Akademie der Wissenschaften gehalten werden, drehen sich viele Themen um die Geschichte. Auch in dem Thema dieses Vortrages wird der Terminus Geschichte benutzt, obwohl man als Geowissenschaftler lieber und vielleicht exakter den Begriff Genese einsetzen würde. Es ist also offensichtlich nötig und für das Verständnis vorteilhaft, einige kurze Worte zu den Beziehungen und der hier gewünschten Spezifik der benutzten Wörter „Geschichte" und „Genese" zu sagen.

Man kann unterscheiden zwischen der „Geschichtlichkeit" einer Wissenschaft, wenn die meist relativ kurzfristige Geschichte des zu erforschenden und zu vermittelnden Stoffes der alleinige oder dominierende Inhalt ihrer Arbeit ist, und der einer Wissenschaft, bei der die Geschichtlichkeit auf der meist relativ langzeitigen Geschichte des Gegenstandes (oder von deren Teilen) beruht. Natürlich gibt es bei einer solchen Betrachtungsweise manche Überschneidungen und auch Widersprüche in der Aussage, die hier nicht in den Vordergrund gerückt werden sollen. Sicher ist aber, daß die Naturwissenschaften mehr zu den an zweiter Stelle genannten Wissenschaften mit langer Geschichte ihres Gegenstandes zählen, obwohl sie natürlich auch ihre eigene Wissenschaftsgeschichte haben.

Es ist bekannt, daß das Verhältnis der Wissenschaften und besonders der Naturwissenschaften zu der Entwicklungsgeschichte ihres Gegenstandes ein unterschiedliches und wechselndes ist. Es gibt Wissenschaften, die diese Geschichte erst in der Neuzeit zu entdecken beginnen (z. B. Chemie, Physik, technische Wissenschaften) und andere, auch jüngere Disziplinen, für die die Geschichtlichkeit ihres Gegenstandes ein immanenter Bestandteil ihrer Wissenschaft ist. Zu letzteren werden insbesondere die biologischen, geologischen und kosmologischen gezählt.

Der Hauptgrund, weshalb man zu einer solchen Unterscheidung kommt, liegt z. T. in der Betrachtungsweise, in dem betrachteten Zeitraum, im Stand der wissenschaftlichen Erkenntnis, insbesondere aber in der Tatsache, daß bei den biologischen, geologischen und kosmologischen Wissenschaften das g e n e t i s c h e Moment eine hervorragende Rolle spielt. Die Geschichtlichkeit des Objektes dieser Wissenschaften liegt quasi in ihrer Übereinstimmung mit seiner genetischen Entwicklung. Man kann auch sagen, daß alle Wissenschaften ohne eine lange Geschichte ihres Objektes sich auf den Menschen bzw. auf Forschungsobjekte aus der rezenten oder subrezenten Umwelt beziehen. Das gilt auch für die Medizin, die Landwirtschaft und andere Disziplinen, obwohl sie natürlich eine oft eindrucksvolle Geschichte ihrer Wissenschaft haben. Die Physiker könnten z. B. gegen eine solche Unterstellung der begrenzten Geschichtlichkeit ihres Wissenschaftsobjektes protestieren, da ja in Teilen ihrer Einflußsphären die Physik der Erde und des Kosmos und andere geschichtsträchtige Disziplinen existieren, die eine z. T. sehr lange Entwicklungszeit und damit Veränderung ihres Objekts voraussetzen. Andererseits behandeln sie jedoch ihre klassischen Disziplinen, wie z. B. die Mechanik, Optik und Akustik, im wesentlichen zeitunabhängig (Watznauer 1985). Im allgemeinen beobachtet man eine immer stärkere Verquickung der Wissenschaften miteinander, die auch zur Aufnahme von Teilen „geschichtsträchtiger" durch bisher „geschichtslose" Wissenschaften führen. Als ein Beispiel wäre der Einbau der modernen Biochemie in die Medizin zu nennen.

Die biologischen, geologischen und kosmologischen Wissenschaften haben Objekte, die z. T. mehrere Milliarden Jahre alt sind und deshalb für eine geschichtlich-genetische Aussage besonders geeignet sind. Die meisten der Erkenntnisse über unser heutiges geschichtliches Weltbild gehen auf Forschungen dieser Wissenschaftsdisziplinen zurück.

Zwar haben nicht alle biologischen und geologischen Teildisziplinen einen gleich großen Beitrag zur Aufhellung der Erdgeschichte einschließlich ihrer biologischen Entwicklung geleistet, und nicht zu allen Zeiten war die Aktivität gleich groß. In der ersten Entwicklungsperiode der wissenschaftlichen Mineralogie etwa von 1750 bis 1850 war die beschreibende Betrachtung der Minerale und ihrer geschichtlichen Entwicklung (natürlich mit dem damaligen Erkenntnisstand) sowie das Bestreben, die Mineralwelt in einer „natürlichen", sog. naturhistorischen Systematik zu klassifizieren, weit verbreitet. In der Mitte des 19. Jahrhunderts setzte aber dann auf Grund der Fortschritte in den anderen Naturwissenschaften, besonders in der Chemie und Physik, eine stärker substanzorientierte und geschichtsfreie (und genesefreie) Untersuchung, Wertung und Klassifizierung der Mineralwelt ein, die bis in die erste Hälfte unseres Jahrhunderts reichte und z. T. noch heute gilt. Erst in den letzten Jahrzehnten beginnt man sich etwas mehr an die geschichtlich-genetische Aussagekraft der Minerale zu erinnern, wozu natürlich die fortgeschrittene Untersuchungsmethodik, aber auch die erhöhte Einsicht in die Brauchbarkeit solcher Erkenntnisse beiträgt. Letztere ist vor allen Dingen von dem zunehmenden Bedürfnis abzuleiten, neue Lagerstätten mineralischer Rohstoffe zu finden, sie aufzubereiten oder zu verwerten.

Diese unterschiedliche Betrachtungsweise der Mineralogie zu verschiedenen

Zeiten scheint nicht zufällig zu sein. Sie führt zurück zu zwei Eigenarten der Mineralogie bzw. der Minerale, die schwerpunktmäßig einmal die substantielle Seite des Minerals betreffen (die Erforschung seiner idealen und realen Eigenschaften) und letztlich in der entsprechenden Nomenklatur und Gliederung ihren Ausdruck finden, sowie zum anderen in der Bildungsgeschichte der Minerale, die der geologischen Entwicklung parallel geht und in der die Genetische Mineralogie eine ihrer Wurzeln hat. In der modernen Mineralogie sind beide Seiten vereinigt und bilden „zwei Seiten einer Medaille".

2. Bemerkungen zum Mineralbegriff

Bevor wir zur beispielhaften Darstellung der geneserelevanten Minerale übergehen, ist es sicher notwendig, einige Bemerkungen zum Mineralbegriff zu machen. Die für den Nichtfachmann problemlose Definition des Minerals ist nicht ganz so einfach zu handhaben, wie es scheint. Wir sagen, das Mineral ist ein natürlich gebildetes, homogenes und fast ausschließlich kristallines und anorganisches Produkt der Materie. Wir schließen mit dieser Mineraldefinition alle Produkte aus, die durch die (bewußte) Aktivität des Menschen entstanden sind, also insbesondere die künstlich erzeugten „Minerale", obwohl wir gerade diese im Zusammenhang mit der Deutung der Genese gern benutzen, uns jedoch der „Modellhaftigkeit" des dabei benutzten Experiments bewußt sind. Man kann wohl annehmen, daß die Diskussion um den Mineralbegriff durchaus noch nicht abgeschlossen ist.

Das Hauptproblem bei der Mineraldefinition liegt in der richtigen Interpretation des homogenen Zustandes, der sowohl chemisch als auch physikalisch-strukturell zu sehen ist. Unter Homogenität eines Minerals verstehen wir, vereinfacht ausgedrückt, daß eine ideale Stöchiometrie mit einer idealen Kristallstruktur übereinstimmt. Da dies unter natürlichen (d. h. geologischen, aber auch kosmischen) Bedingungen bei keinem Mineral zutrifft, ist hiermit der Ansatzpunkt für eine genetische Aussage gegeben. Denn diese Abweichungen von der idealen Zusammensetzung und Struktur können natürlich nur durch die bei der Mineralbildung geltenden Umweltbedingungen hervorgerufen sein, und das ist in unserem Sinne Genese. Zur Erläuterung soll an einem Beispiel des hierarchischen Systems der Minerale, nämlich einiger Silikate, gezeigt werden, wo diese Ansatzpunkte zu finden sind (Abb. 1).

Als Mineraltyp treten neben den Sulfiden, Oxiden und anderen Typen auch die Sauerstoffsalze auf, die sich in der Mineralklasse u. a. in die Silikate, Borate, Sulfate untergliedern lassen. Die bisher chemische und auf die Anionenart bezogene Gliederungsmethode (schon diese ist genesekritisch!) wird in der Mineralabteilung strukturell in Form von Insel-, Ring-, Ketten- und weiteren Sili-

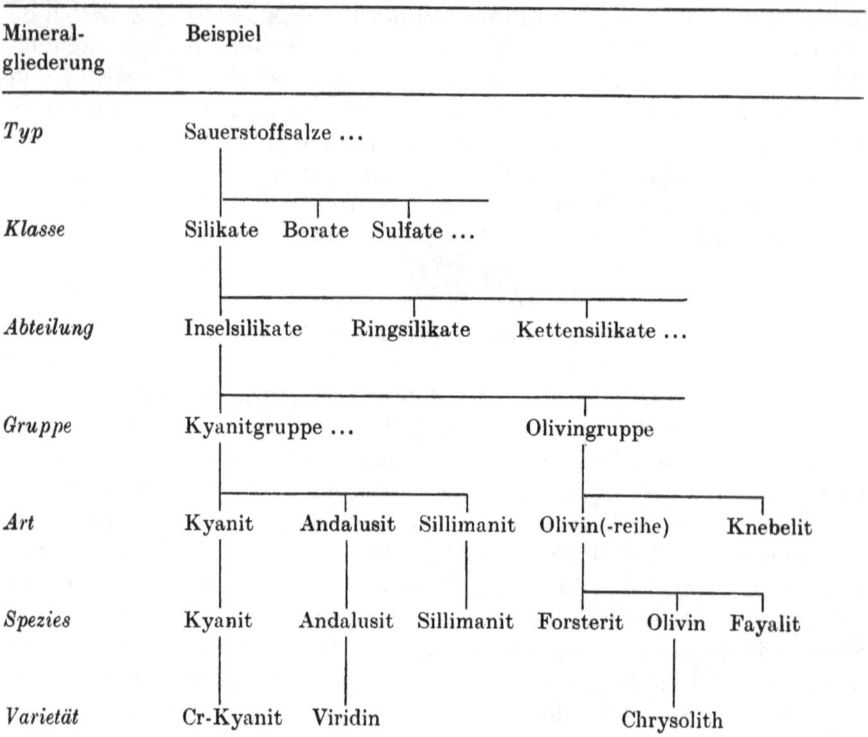

Abb. 1. Hierarchische Gliederung der Silikate (nach Godovikov 1983, aus Rösler 1984)

katen untersetzt. Bei den Inselsilikaten kann man verschiedene, in sich chemisch und strukturell ähnliche Mineralgruppen unterscheiden, z. B. in die Kyanitgruppe als Vertreter der unterschiedlich koordinierten Al-Silikate oder in die Olivingruppe als artenreiche Gruppe von Mg—Fe—Mn-Mischkristallen mit Olivinstruktur. Es folgt die Mineralart als idealisierter Ausdruck eines Minerals oder einer Mischkristallreihe mit konstanter Struktur. Dies ist das Mineral im normalen Sprachgebrauch. Die Mineralspezies gibt Mischkristallteilglieder, HD—HT-Modifikationen und weitere mit den unterschiedlichsten Fehlern behaftete Realkristalle wider und ist das „reale Mineral“ an sich. Bei den Varietäten werden chemische, Farb-, Struktur-, Spurenelement- und andere Varianten der Mineralart aufgeführt, die eine gewisse Eigenständigkeit besitzen, im gezeigten Beispiel der Cr-Kyanit als Varietät des Kyanits, Viridin als Mn—Fe-reiche grüne Varietät des Andalusits und Chrysolith als klar durchsichtige farbige Schmucksteinvarietät des Olivins. Es ist leicht verständlich, daß speziell die Mineralspezies und die Mineralvarietäten bevorzugte Objekte zur genetischen Kontrolle sind.

3. Was will die Genetische Mineralogie?

Wir haben festgestellt, daß praktisch kein Mineral ideal zusammengesetzt und aufgebaut ist, sondern eine mehr oder weniger große Zahl von Abweichungen aufweist. Diese Abweichungen der Realkristalle von der „idealen Homogenität" treten aber nicht willkürlich auf, sondern sind eine Folge der „Umweltbedingungen" bei der Mineralbildung. Die Umwelt bei der Mineralbildung unterscheidet sich im einzelnen von dem, was wir heute im ökologischen Sinne unter der Umwelt verstehen, im Prinzip läßt sie sich jedoch auf gleiche oder ähnliche Parameter zurückführen. Im wesentlichen handelt es sich um das Angebot von chemischen Elementen, um die Bildungstemperatur und den Bildungsdruck, um die Bildungszeitdauer und den Wechsel dieser und weiterer Parameter, meist in Abhängigkeit von der Zeit. Alles das fassen wir als die genetischen Faktoren der Mineralbildung zusammen.

In Abhängigkeit vom Objekt kann man zwischen paragenetischen Faktoren sowie phylogenetisch-ontogenetischen Faktoren unterscheiden. Die Paragenese, das gesetzmäßige Zusammenkommen von Mineralen, ist bereits vor fast 150 Jahren von dem Freiberger Mineralogen Breithaupt eingehend beschrieben und für genetische Aussagen genutzt worden. Sie ist somit wohl eine der ältesten Methoden der Genetischen Mineralogie und Lagerstättenlehre und hat große praktische Bedeutung für die Einstufung von Gesteins- und Erzassoziationen.

Unter den phylogenetisch-ontogenetischen (auch typomorphen) Faktoren verstehen wir, in Anlehnung beispielsweise an die biologische Nomenklatur, die an einer bestimmten Mineralart oder -spezies feststellbaren genetischen Hinweise. In der Vergangenheit wurden verständlicherweise nur die makroskopisch bzw. makrochemisch feststellbaren Indizien (beispielsweise Form, Verzwillingung, Mineralchemismus u. a.) genutzt, in jüngster Zeit immer mehr die mit modernen und modernsten Analysenverfahren meßbaren Daten. Ohne auf weitere Hinweise und Erklärungen einzugehen, sollen in einer tabellarischen Zusammenstellung einige konkrete Möglichkeiten der genetischen Aussage von Mineralen stichwortartig aufgeführt werden (Abb. 2).

Bei der Wertung dieser Liste ist zu beachten, daß einige Parameter für mehrere Aussagen genutzt werden können und meist nur der Schwerpunkt vermerkt wird. So ist zum Beispiel der Wechsel des Chemismus eines zonar gebauten Minerals abhängig von dem Elementangebot, von den physikochemischen Parametern wie Löslichkeit und Partialdruck, von der Temperatur, vom Druck, von der Wachstumsgeschwindigkeit und anderen Faktoren. Daraus ist abzuleiten, daß eine Gliederung der Genetischen Mineralogie mit einem einheitlichen Maßstab schwierig und z. T. wenig vorteilhaft ist. Je nach Art des Standpunktes kann man Gliederungen nach der naturwissenschaftlichen Methode, dem geologischen Objekt, der Zielstellung und anderen Zielfunktionen durchführen; jede Methode hat ihre Vor- und Nachteile.

Mineralbildung und -wachstum

- *Keimbildung:* Art des Keimes, amorph-kristallin, Relikte, Cluster u. a.
- *Wachstumsgeschichte:* Baufehler, Kristallskelette, Blastese, Verdrängung, Generation, Einschlüsse, Zonarwachstum, Wachstumsdiskontinuitäten u. a.
- Form und Gefüge: Idiomorphie—Xenomorphie, Zwillinge, Verzerrungen, eutektische Gefüge, Rekristallisation, Mineralgröße u. a.

Physikalische Indizien

- *mechanische Beeinflussung, insbesondere Druck:* Deformation, Schockmetamorphose, Gitterstörungen, Zwillinge, Strukturmodifikationen, Wechsel von optischen Daten, Ätzbarkeit, Leitfähigkeit, Spaltbarkeit u. a.
- *Temperatur:* physikalische Gleichgewichte, Ordnungsgrad, Mischkristalle, Entmischungen, Paramorphosen, Spurenelemente, Habitus, O-Isotope, Curie-Punkt u. a.
- *weitere physikalische Indizien:* Radioaktivität, Lumineszenz, Gas- und Flüssigkeitseinflüsse, Anlauffarben u. a.

Chemische und physikalische Indizien

- *Chemismus:* Mineralart, Mischkristalle, Spurenelemente und -minerale, Pseudomorphosen, Tracht und Habitus, Inhomogenitäten (Mineraleinschlüsse), Wassergehalt und -art, Verdrängung, Elementwertigkeit u. a.
- *Physikochemische Parameter:* Abhängigkeit von Konzentration (Elementangebot), pH- und Eh-Wert, Partialdruck (Fugazität), Löslichkeit, Schmelzpunkt, Gleichgewichte, Isotopendaten u. a.

Mineralfazies

- *faziesabhängige Minerale und Paragenesen* in sedimentären, metamorphen und magmatischen Gesteinen und Mineralisationen
- *andere fazieskritische Indikatoren und Milieufaktoren:* physikochemische Faktoren, biologische Faktoren, Isotopendaten

Zeit und Raum

- *Zeit (absolut und relativ):* Paragenese, Mineralverwachsung, physikalische Altersbestimmung (K/Ar, U/Pb, Pb/Pb, Rb/Sr, ^{14}C, ^{3}H u. a.)
- *Raum:* lokale und regionale Unterschiede, mineralische und isotopengeochemische Daten (S, O, C, Pb u. a.), Mineralorientierung, Nebengesteinsumwandlung u. a.

Abb. 2. Übersicht über wichtige genesekritische Faktoren in der Mineralwelt

In der sowjetischen Literatur, die sich in einer großen Zahl von umfangreichen Publikationen mit der Genetischen Mineralogie auseinandersetzt, wird beispielsweise von JUŠKIN (1977) der im folgenden in Kurzform zusammengefaßte Vorschlag propagiert. Es ist zu erkennen, daß hier, ausgehend von der Beziehung Struktur—Zeit—Raum, einige Aspekte anders akzentuiert und verallgemeinert werden:

1. *Ökologie*	Mineralbildung unter den verschiedenen Milieubedingungen der Erde und des Kosmos
2. *Zeit* (*Geschichte*)	Mineralbildung in Abhängigkeit von der Entwicklungsgeschichte
3. *Evolution*	Bedingungen und Beziehungen der Ontogenie Phylogenie
4. *Geogenetische Faktoren*	Verknüpfung und Gesamtschau aller Prozesse.

4. Beispiele aus der Genetischen Mineralogie

Wenn im folgenden einige Beispiele für die mögliche und bereits realisierte Nutzung der Minerale für genetische Aussagen vorgeführt werden, ist auf Grund des weiter oben Gesagten zu beachten, daß

— es sich nur um eine kleine Zahl und z.,T. willkürlich ausgewählter, einfach überschaubarer Fälle handelt

— nicht in jedem Falle eine eingehende Begründung für die vorgeführte Erscheinung oder Messung gegeben werden kann

— in einigen Fällen auch experimentelle Ergebnisse eingebaut sind

— sich manche Aussagen wegen der mehrfachen Aussagemöglichkeiten überlappen, d. h. sich wiederholen können

— wir uns nicht streng an die in Abb. 2 angewandte Gliederung halten.

Die Beispiele werden in folgender Reihenfolge abgehandelt werden:

4.1. Paragenetische Indizien
4.2. Fazielle Indizien
4.3. Mineralgenerationen
4.4. Makrochemische und physikochemische Indizien
4.5. Spurenelemente
4.6. Tracht und Habitus (Form)
4.7. Mineraleinschlüsse
4.8. Isotopendaten

4.1. *Paragenetische Indizien*

Der Begriff „Paragenese“ beinhaltet das etwa gleichzeitige Entstehen (Auskristallisieren) von Mineralen, was bei einer Primärparagenese mit angestrebtem oder weitgehend erreichtem physikochemischem Gleichgewicht vor allem von dem Angebot an chemischen Elementen sowie von physikochemischen Parametern wie Druck, Temperatur und den Eh- und pH-Verhältnissen bestimmt wird.

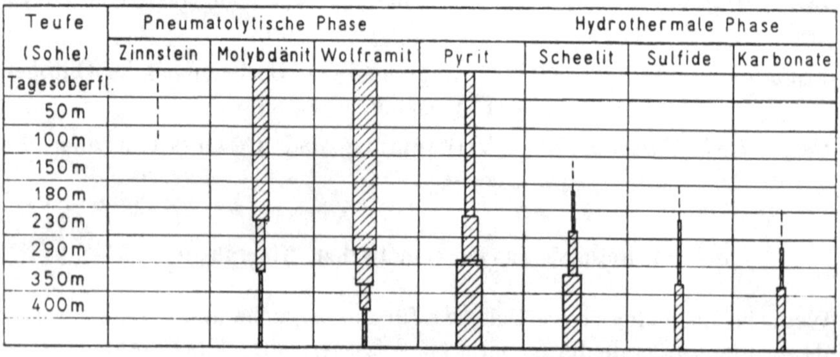

Abb. 3. Paragenesen der Wolframitlagerstätte Pechtelsgrün im Vogtland (Rösler, Baumann u. Bolduan 1964). Die Stärke der Balken gibt die Häufigkeit der Minerale an.

In einem einfachen Beispiel (Abb. 3) magmatogener Lagerstätten ist die Mineralverteilung in Abhängigkeit von der Teufe dargestellt. Es ist zu erkennen, daß die erfahrungsgemäß „heißeste“ Paragenese mit Molybdänit und Wolframit in voller Intensität bis zur Erdoberfläche reicht und damit andeutet, daß ein großer Teil der primären (hydrothermalen) Lagerstätte bereits abgetragen worden ist. Andererseits tritt die hydrothermale, kühlere Paragenese mit Scheelit, weiteren Sulfiden und mit Karbonaten erstaunlicherweise in den tiefsten Sohlen der Lagerstätte auf, was auf einen jüngeren Nachschub hinweist, der auf die primären Erze, vor allem Wolframit, z. T. verdrängend wirkt. Durch diese Umkehr der „normalen“ Verhältnisse, nämlich oben kühl (hydrothermal) und unten heiß (pneumatolytisch), ist der polystadiale Vorgang der Vererzung abzulesen.

In dem zweiten Beispiel (Abb. 4) paragenetischer Indizien ist ein ganz anders gelagerter Fall dargestellt. Es wird aus dem sedimentären Bereich schematisch die häufige Umwandlung eines primären Carnallitflözes durch Einwirkung von Wasser in sekundäre Mineralparagenesen dargestellt. Solche hydrometasomatische Umwandlung geht mehr oder weniger gesetzmäßig vor sich: aus dem Carnallitit bildet sich zunächst ein kieseritisch, dann ein polyhalitisch und zuletzt ein langbeinitisch betontes „Hartsalz", um bei weiterer metasomatischer Beanspruchung in der sog. Vertaubung eines Halitits zu enden. Diese Umwandlung wird unter den gegebenen geologischen Bedingungen verständlicherweise vor allem durch die Löslichkeit der einzelnen Komponenten gesteuert. Auf Grund der vorgefundenen Paragenese und der

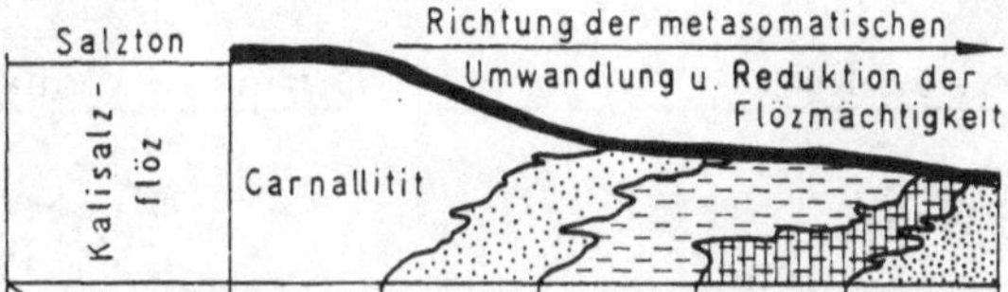

Gestein / % Minerale	Carnallitit	kieserit. Hartsalz	kieserit. polyhalit. Hartsalz	langbeinit. polyhalit. Hartsalz	Vertaubung
Carnallit	52,0	3,5	1,6	0,3	0,6
Sylvin	-	28,9	22,9	13,7	1,5
Polyhalit	-	3,1	10,1	9,3	6,7
Langbeinit	-	-	1,0	17,7	0,6
Kieserit	12,0	18,8	14,4	6,9	2,4
Anhydrit	1,8	2,5	2,1	0,4	1,4

Abb. 4. Die Änderung der Mineralparagenesen in Abhängigkeit von der Lösung und metamorphen Umwandlung eines primären Carnallitflözes (nach DÖHNER u. ELERT 1975, aus RÖSLER 1984)

Kenntnis dieser Entwicklungsgesetzmäßigkeit ist nun der Bergmann und Geologe in der Lage, sich eine Vorstellung über die Art und Bildung der Umwandlungszone zu machen und daraus Schlußfolgerungen für die Steuerung des Abbaues des Kaliflözes zu ziehen. Dies ist ein charakteristisches Beispiel für die praktische Bedeutung mineralogisch-geochemischer Untersuchungen zur Genese einer geologischen Substanz. Es sei hinzugefügt, daß neueste Untersuchungen die prinzipielle Richtigkeit dieses Ablaufes bestätigen, aber auch gewisse Modifikationen in deren Dynamik erkennen lassen.

4.2. Fazielle Indizien

Fast fließend sind in vielen Fällen die Übergänge zwischen der Mineralparagenese und der Fazies. Der Begriff der Fazies wurde ursprünglich im sedimentären Bereich eingeführt und hat sich inzwischen auf den gesamten

Bereich der geologischen Materie ausgeweitet. Unter der Fazies verstehen wir (nach v. Bubnoff 1954) die „Summe der geographischen, biologischen und physikochemischen Verhältnisse bei der Bildung eines Gesteins". Da jedes Gestein durch eine bestimmte Mineralparagenese gekennzeichnet ist, resultiert daraus die Beziehung zwischen den Umweltverhältnissen und dem Gestein. Man kann in günstigen Fällen sogar sagen, daß die Fazies durch die Mineralparagenesen erkannt und bestimmt wird. Die Einschränkung der Aussage hat

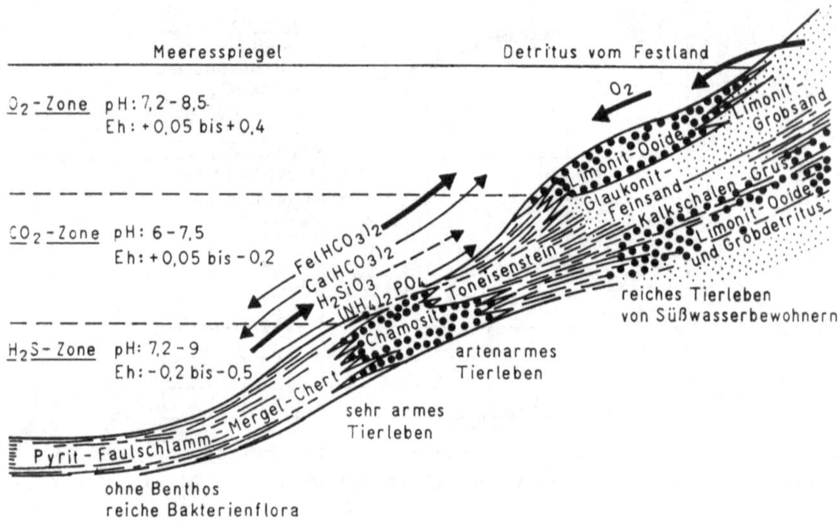

Abb. 5. Schematische Darstellung der Faziesverhältnisse sowie der Eisenbindung und -verteilung im marinen Grenzbereich (nach Borchert 1978)

ihren Ursprung in der Tatsache, daß jede echte Paragenese die Einstellung eines physikochemischen Gleichgewichts voraussetzt, dieses jedoch in den meisten Fällen nur teilweise erreicht wird.

In einem Beispiel aus dem sedimentären Bereich (Abb. 5) wird schematisch die Abhängigkeit der Eisenbindung von den Faziesbedingungen dargestellt. Rechts ist der festländische Strandbereich, links die Tiefseeverhältnisse dargestellt. Die Entwicklung der Eisenminerale verläuft in der gleichen Richtung von der oxidischen Form der limonitischen Produkte über die silikatische Bindung glaukonithaltiger und chamositischer Sedimente bis zur Bildung von Sulfiden wie Pyrit unter stärker reduzierenden Bedingungen. Es gehört zur geologischen Praxis, daß das überwiegende Auftreten eines dieser Eisenminerale zur Aussage über die Fazies und Teufenlage der Sedimente während der

Sedimentation benutzt wird. Bei der Rekonstruktion von Fazies- bzw. Tiefenlagekarten sind natürlich gelegentlich auftretende sekundäre Mineralumwandlungen zu berücksichtigen.

Von besonderem Interesse ist die metamorphe Fazies. Ein beispielsweise toniges Sediment wird bei isochemer Überprägung in Abhängigkeit vor allem von Druck, Temperatur und Gehalt an flüchtigen Komponenten (Wasser!) neue Mineralphasen bilden, die bei den veränderten p—T-Bedingungen stabil sind. So werden beispielsweise bei zunehmender Temperatur (und zu-

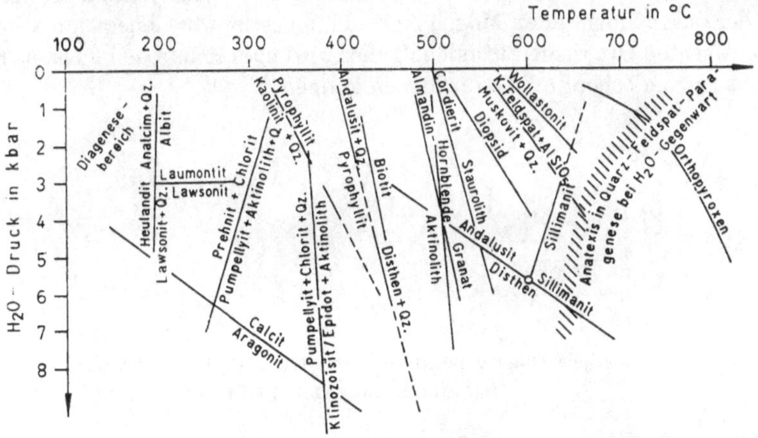

Abb. 6. Der durch experimentell ermittelte Mineralparagenesen dokumentierte Faziesbereich der Gesteinsmetamorphose (nach WINKLER 1967 u. a.)

nehmendem Druck) nacheinander Zeolithe, Chlorite, Amphibole und Pyroxene gebildet, bis dieses metamorphe Gestein im Zuge der Ultrametamorphose teilweise oder ganz in den schmelzflüssigen Zustand eines palingenen Magmas übergeht. Diese Verhältnisse sind in der Natur seit langer Zeit vielfach studiert und nachgewiesen worden. Auch im Experiment hat man sich bemüht, diese Bedingungen zu modellieren. In Abb. 6 sind die Ergebnisse solcher Untersuchungen dargestellt. Wenn in diesem Diagramm eindeutige Grenzen und damit Zustandsbereiche der wichtigsten gesteinsbildenden Minerale in Abhängigkeit von Druck und Temperatur zu erkennen sind und damit der Metamorphosegrad abgelesen werden kann, ist jedoch zu bedenken, daß die Übertragung der Temperatur—Druck-Parameter z. B. auf die entsprechende Bildungsteufe zwar verschiedentlich gültig ist, aber in vielen Fällen wegen der abweichenden, lokalen, tektonischen und anderen Bedingungen zu groben Fehldeutungen führen kann.

4.3. *Mineralgenerationen*

Unter Mineralgenerationen verstehen wir das zeitabhängige mehrfache Auftreten einer bestimmten Mineralphase innerhalb einer Bildungsperiode. Dabei können sich die Minerale der verschiedenen Generationen sichtbar oder meßbar verändern, was z. B. durch verschiedene Orientierung, Ausbildung, Chemismus und andere Parameter feststellbar wird. Die Bestimmung der genauen Zuordnung eines Minerals zu einer bestimmten Generation hat ihre Hauptbedeutung in der Erkennung der Entwicklung einer Ausscheidungsfolge und z. B. der daraus folgernden Möglichkeit, diese bestimmte Generation an einem weit entfernten Ort wiederzufinden. Sicher wird man sich in den meisten Fällen auch paragenetischer Indizien bedienen können.

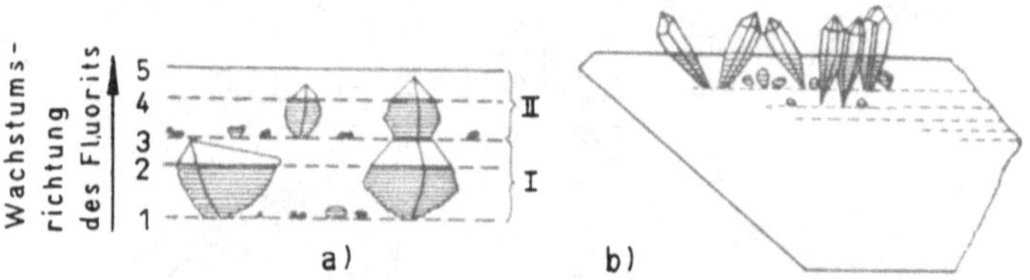

Abb. 7. Verschiedene Quarzgenerationen in Fluorit (links) und Quarz (rechts) (Grigoriev u. Žabin 1975)

An zwei Bildern sei das Prinzipielle der Problematik dargestellt (Abb. 7). Im linken Teilbild wachsen Quarzkristalle in einer Fluoritmatrix. Auf der untersten Linie 1 ist eine erste Keimbildung möglich, und die Quarze wachsen zunächst kräftig (bis zur Stufe 2), um dann abzunehmen. In der Stufe 3 erfolgt eine erneute Keimbildung verschiedener Minerale, darunter auch Quarz. Diese Keimbildungszonen können verschiedene Ursachen haben, z. B. einen Wachstumsstillstand der Fluorite oder/und eine plötzliche Zufuhr von Fremdsubstanz, die zur Auskristallisation beiträgt. Auf jeden Fall beginnt mit der Stufe 3 eine zweite Generation von Quarz zu wachsen, die, wie das Bild zeigt, im Zuge des Weiterwachsens des Fluorits wieder erlischt. Im Wachstumsschritt 5 ist jedenfalls nichts mehr von den beiden Quarzgenerationen feststellbar.

Ähnlich sind die Verhältnisse im rechten Teil des Bildes. Hier ist ein großer Quarzkristall dargestellt, in dem feinkörniger Quarz wächst. Das Wachstum beginnt, wie ein Schnitt durch die Mineralstufe zeigt, gleichfalls an Inhomogenitätsflächen, die meist durch infolge von Fremdzufuhr getrübte Flächen gebildet werden. Man kann erkennen, daß auf zwei Flächen Quarzkeime gebildet werden, die dementsprechend zwei Generationen zuzuordnen sind

(Quarz I und Quarz II). Betrachtet man die Mineralstufe unzerstört von außen, stellt man lediglich aufgewachsene Quarzkristalle fest, die offensichtlich nur einer Generation anzugehören scheinen.

Ein weiteres wichtiges und instruktives Beispiel aus dem sedimentär-metamorphen Bereich sei hier nur geschildert. Es handelt sich um das Schwermineral Zirkon, das in unterschiedlicher Form z. B. in den Metamorphiten und Graniten zu finden ist. Es treten neben normalen kleinen (idiomorphen) Zirkonkriställchen oft gerundete Kristalle auf, denen man einen ehemaligen sedimentären Transport noch ansieht, und es finden sich runde Zirkone, die epitaktisch weitergewachsen sind und heute eine vollkommene Kristallform aufweisen. Das Auftreten solcher unterschiedlicher Zirkongenerationen ermöglicht es oft, den sedimentären Ursprung (Genese) eines Metamorphits (z. B. Gneis oder Glimmerschiefer) oder gar eines palingenetischen Granits nachzuweisen. Solche Relikte sind, auch wenn sie nicht in die hier beschriebene Problematik der Mineralgenerationen direkt eingeordnet werden können, sehr häufig wichtige genetische Indikatoren, wie dieses noch z. B. in dem Abschnitt 4.7. näher beschrieben wird.

4.4. Makrochemische und physikochemische Indizien

Der Wechsel des Makrochemismus im Verlaufe des Wachstums von Mineralen, besonders solcher mit Mischkristallcharakter, führt auf Grund der Empfindlichkeit, insbesondere gegenüber physikochemischen Parametern, zu interessanten genetischen Aussagen. Die Änderung des Chemismus ist oft mit optischen Methoden feststellbar, muß meistens jedoch mit chemisch- oder physikalisch-analytischen Verfahren bestimmt werden. Die genauen physikochemischen Parameter werden normalerweise durch experimentelle Untersuchungen festgelegt. Die Vielzahl der bisher erkannten Fälle kann hier natürlich nicht dargelegt werden und wird durch je ein Beispiel aus dem magmatischen und metamorphen Bereich belegt.

In Abb. 8 ist der Wechsel des Anorthitgehaltes in Plagioklasen (oberer Teil des Bildes) von den plutonischen und subvulkanischen Quellen des gesteinsbildenden Magmas (unterer Teil des Bildes) dargestellt. Während in den großen tiefliegenden plutonischen Magmenkörpern eine langsame Abkühlung zu einer kontinuierlichen Anreicherung des Albitgehaltes in Plagioklasen führt, schwankt der Anorthitgehalt subvulkanischer Plagioklase auf Grund der periodischen Druckentlastung durch vulkanische Vorgänge diskontinuierlich (bei gleichzeitiger Tendenz der Abnahme des Anorthitgehaltes). Die vor allem mikroskopisch gut verfolgbaren Schwankungen des Chemismus sind also direkte Anzeiger für den Bildungszustand in der Tiefe.

Auf der Basis von Laborexperimenten ist das Diagramm von Abb. 9 entstanden. Es benutzt den Chemismus des Mineralpaares Biotit und Granat in Form des Verhältnisses Mg : Mg + Fe + Mn in metamorphen Schiefern. Die

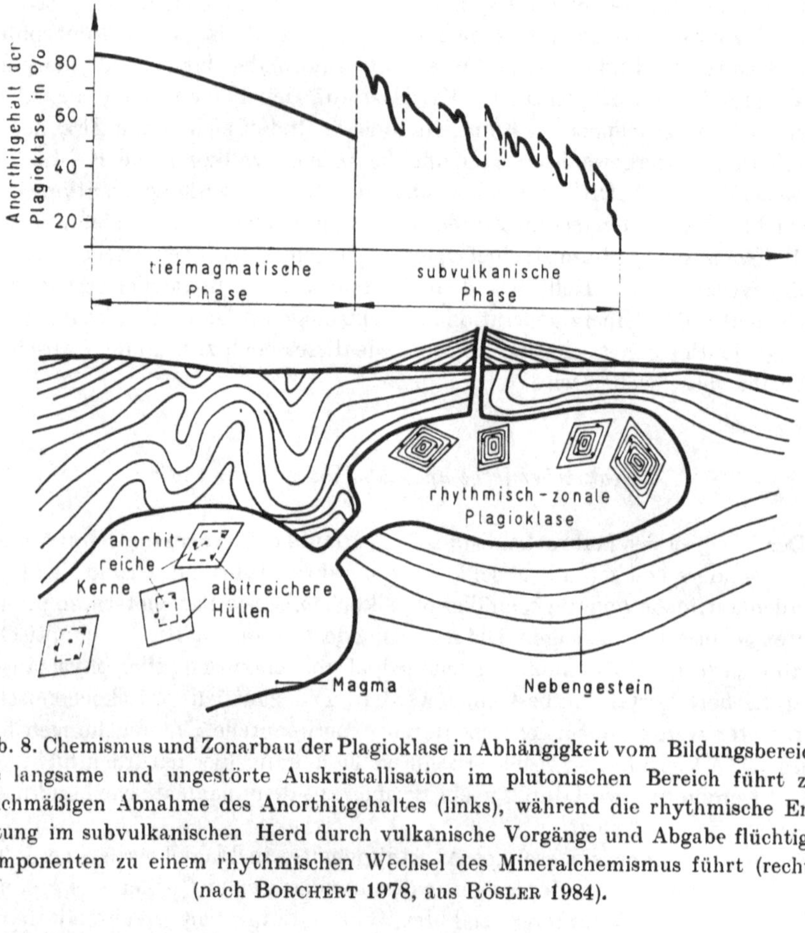

Abb. 8. Chemismus und Zonarbau der Plagioklase in Abhängigkeit vom Bildungsbereich. Die langsame und ungestörte Auskristallisation im plutonischen Bereich führt zur gleichmäßigen Abnahme des Anorthitgehaltes (links), während die rhythmische Entlastung im subvulkanischen Herd durch vulkanische Vorgänge und Abgabe flüchtiger Komponenten zu einem rhythmischen Wechsel des Mineralchemismus führt (rechts) (nach Borchert 1978, aus Rösler 1984).

Kurvenscharen geben die Bildungstemperaturen der Minerale an und stellen auf diese Weise ein brauchbares „geologisches Thermometer" dar.

Neben solchen Beziehungen, die durch den Chemismus und die Druck-Temperatur-Verhältnisse gesteuert werden, gibt es noch viele andere Möglichkeiten der genetischen Analyse. So kann beispielsweise durch die Änderung

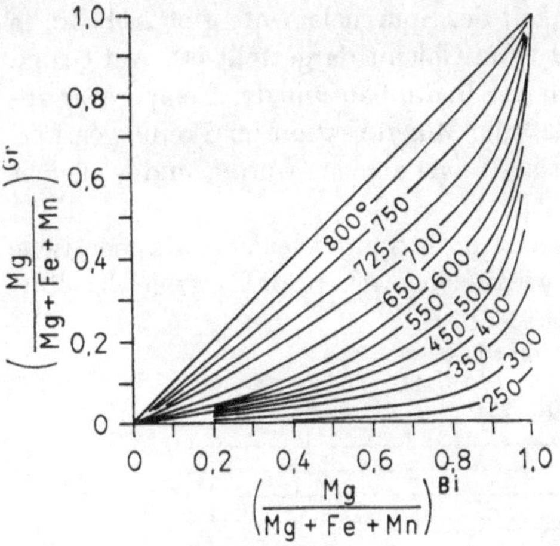

Abb. 9. Geothermometer mit Hilfe des Chemismus der Paragenese Biotit-Granat in metamorphen Schiefern (nach PERČUK 1969, aus RÖSLER u. LANGE 1975)

von Gitterkonstanten oder der Mikrohärte der Einbau von „mineralfremden" Elementen und Komponenten angezeigt werden, der zu Gitterstörungen und damit Änderungen der physikalischen Parameter führt.

4.5. Spurenelemente

Spurenelemente in Mineralen gehören mit zu den ältesten genetischen Indikatoren, die speziell für die Ermittlung der Bildungstemperaturen der Minerale und damit der Mineralparagenesen (Erze, Gesteine u. a.) genutzt werden. Auch in neuester Zeit werden immer wieder neue Beziehungen erkannt. Generell gilt, daß bei ± gleichem Elementangebot mit erhöhter Temperatur meist ein erhöhter Einbau in das Mineralgitter festgestellt wird. Gelegentlich wird aber auch etwas voreilig eine solche Abhängigkeit postuliert, wie eigene Untersuchungen nachweisen.

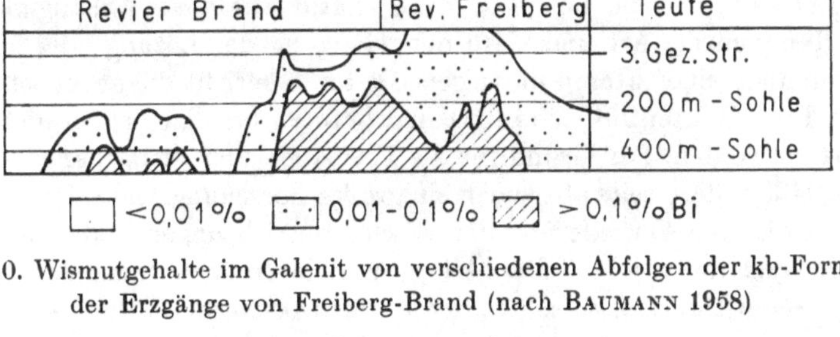

Abb. 10. Wismutgehalte im Galenit von verschiedenen Abfolgen der kb-Formation der Erzgänge von Freiberg-Brand (nach BAUMANN 1958)

Ein gutes Beispiel für die Nützlichkeit der Spurenelemente gibt Abb. 10, in der die Variabilität des Wismuteinbaus im Galenit dargestellt ist. Auf Grund dieser Daten, d. h. der Tatsache, daß der Bi-Einbau mit der Temperatur zunimmt, ist es sehr wahrscheinlich, daß die Mineralisation im Freiberger Erzbereich teilweise tiefer reicht, als bisher angenommen wurde, und vielleicht einen anderen Charakter annimmt.

Auch im sedimentären Bereich lassen sich die Spurenelemente als genetische Indikatoren verwenden. In Abb. 11 wird nachgewiesen, daß infolge der stär-

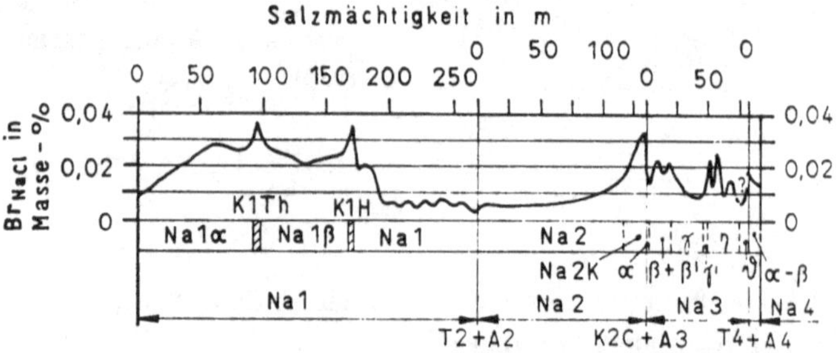

Abb. 11. Bromgehalte im Halit der vier Salzzyklen des Zechsteinsalinars der DDR (nach mehreren Autoren, aus Rösler u. Lange 1975)

keren Eindunstung das Brom verstärkt in den Halit (als Vertreter für das Chlor) überall dort auftritt, wo es zur Kalisalzausscheidung gekommen ist oder sie kurz davor war. Die Bromanalyse wird routinemäßig durchgeführt und gibt in vielen Fällen Hinweise für die Nähe des Kaliflözes oder seiner Vertreter.

4.6. Tracht und Habitus (Form)

Die Form der Kristalle ist in ihrer Tracht und ihrem Habitus relativ leicht makro- und mikroskopisch zu erkennen. Es ist auch bekannt, daß sich die Form der Minerale in Abhängigkeit von den Umweltfaktoren ändern kann. Dafür gibt es zahlreiche Beispiele in der Natur, die diese Abhängigkeit von Druck, Temperatur, Art und Grad der Sättigung der Lösung oder Schmelze sowie von anderen Faktoren aufzeigen. Dadurch spricht die genetische Wirksamkeit dieser Fakten für sich selbst und braucht im allgemeinen nicht näher erläutert zu werden. Der Grund für die Formänderung ist in manchen Fällen erkannt, läßt andererseits aber noch ein großes Forschungsfeld offen. Wichtige Faktoren, die eine Veränderung der Wachstumsrichtungen und -flächen hervorrufen, sind im Wechsel des Makro- und Mikrochemismus des Mediums (Lösung, Schmelze, Gas) zu sehen, der von den bekannten physikochemischen

Parametern gesteuert wird, aber auch z. B. von der Wirksamkeit von Verunreinigungen, bestimmten Gasgehalten, Strömungen u. ä.

Ein fast schon klassisches Beispiel liefert das Mineral Calcit. In Abb. 12 ist die Entwicklung der meist hydrothermal gebildeten trigonalen Calcitformen in Abhängigkeit von der Temperatur und dem CO_2-Partialdruck sowie teil-

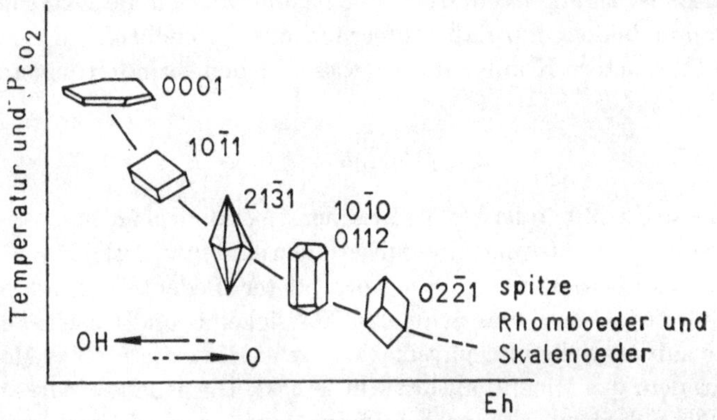

Abb. 12. Der Wechsel der Kristallform des Calcits in Abhängigkeit von der Temperatur und dem CO_2-Partialdruck sowie von dem Redoxpotential (nach KOSTOV 1968)

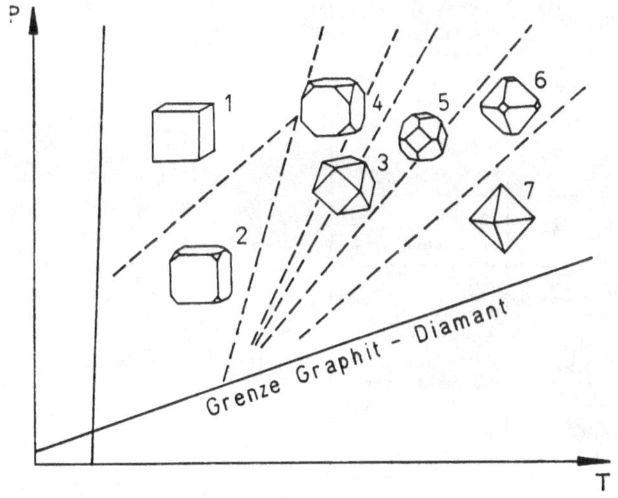

Abb. 13. Die Kristallform des Diamants in Abhängigkeit von Druck und Temperatur. Die senkrechte linke Grenzlinie gibt die Schmelzeutektika, die horizontale untere Grenzlinie den Übergang Graphit—Diamant an. Die Zahlen bezeichnen die untersuchten Lagerstätten (JUŠKIN 1977).

weise vom Eh-Wert dargestellt. Es ist eine Bildungstendenz von plattigen Kristallformen bei höherer Temperatur bis zu mehr stenglig-spitzen Formen bei niedrigen Temperaturen und höheren Eh-Werten zu erkennen, wobei charakteristische Formen die Übergänge bilden.

Auch der Diamant zeigt Kristallformen vom Würfel bis zum Oktaeder (Abb. 13). Es ist zu erkennen, daß diese beiden Formen die Extreme in einem *pT*-Diagramm bilden und daß Diamanten aus Lagerstätten mit dazwischenliegenden Parametern Kombinationen dieser beiden Grundformen aufbauen.

4.7. Mineraleinschlüsse

Einschlüsse in Mineralen magmatischer, metamorpher und sedimentärer Gesteine sowie magmatogene Mineralisationen sind in vielerlei Hinsicht Zeugen für deren Bildungsgeschichte. Von besonderer Bedeutung sind feinste Inhomogenitäten in Form von Schmelz-, Flüssigkeits- und Gaseinschlüssen, da sie direkte substantielle und physikochemische Hinweise für das Medium darstellen, aus dem das Mineral auskristallisiert ist. Die genaue Analyse vor allem der Gas-Flüssigkeitseinschlüsse auf ihren Makro- und Mikrochemismus, ihre Salinität, ihren pH- und Eh-Wert, ihre aus der Lösung auskristallisierten

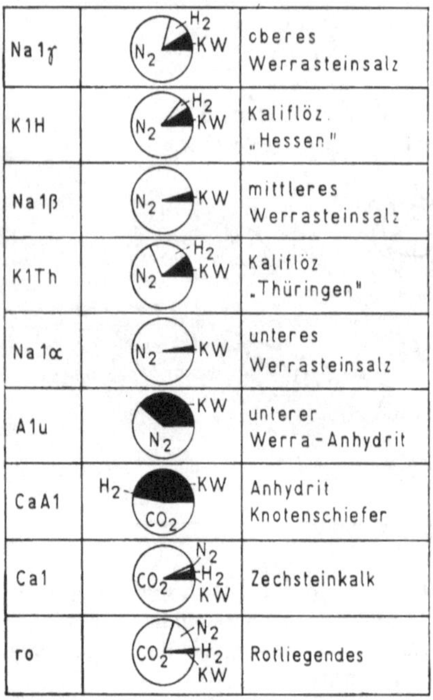

Abb. 14. Der volumenprozentuale Gehalt an Gasen in Gesteinen des Salinarzyklus Z1 in der DDR (Knabe 1984, Dissertation Bergakademie Freiberg)

Sekundärminerale sowie ihre isotopische Zusammensetzung geben z. T. entscheidende Aussagen über die Art und den Zustand der mineral- und erzbildenden Substrate. Es ist verständlich, daß die Untersuchung dieser feinsten Einschlüsse ein hohes Maß analytischen Könnens erfordert und vorläufig nur von einer kleinen Zahl von Spezialisten realisiert werden kann. Im Ergebnis dieser Untersuchungen kann festgestellt werden, daß die gemessenen Parameter in Abhängigkeit von der Genese der geologischen Objekte so stark schwanken, daß sie für genetische Aussagen nutzbar sind.

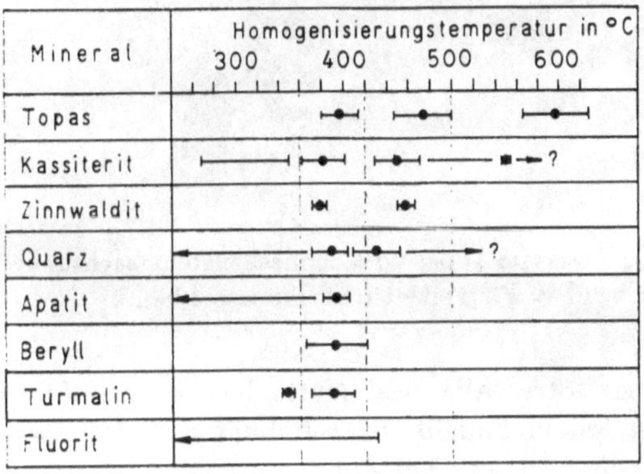

Abb. 15. Homogenisierungstemperaturen von Mineralen der Kassiteritparagenese des sächsischen Erzgebirges (THOMAS 1980)

Als Beispiel wird in Abb. 14 eine Übersicht über die prozentuale Zusammensetzung von „gesteinsgebundenen" Gasen von Mineralen und Gesteinen des Zechsteinsalinars gegeben. Die Hauptkomponenten der Gase sind Stickstoff, Wasserstoff, Kohlendioxid, Kohlenwasserstoffe sowie gelegentlich schwefelhaltige Gase. Die beiden letzteren kann man gaschromatographisch wiederum in verschiedene Typen unterteilen. Aus Art und Menge der Gase lassen sich verständlicherweise interessante genetische Schlüsse ziehen.

Zweiphasige Gas-Flüssigkeitseinschlüsse entstehen normalerweise aus homogenen Einschlüssen bei der Abkühlung der Proben auf unsere Normaltemperaturen. Erhitzt man diese Proben auf einem Heiztisch, so kann man unter dem Mikroskop eine Rehomogenisierung des Einschlusses beobachten, wobei die Temperatur der Homogenisierung gleichzeitig etwa die Bildungstemperatur des Minerals ist. Auf diese Art lassen sich relativ einfach zahlreiche Messungen ausführen, die statistisch ausgewertet eine gute Übersicht über die thermische Geschichte der Minerale geben. In Abb. 15 ist ein Beispiel solcher Temperaturmessungen an einigen Mineralen der erzgebirgischen Kassiteritlagerstätten gegeben. Es sei zusätzlich erwähnt, daß sich aus der Kombination der Messung der Lösungskonzentration und dem Verhalten der Einschlüsse auf einem mikroskopischen Gefriertisch auch der Bildungsdruck und noch weitere Para-

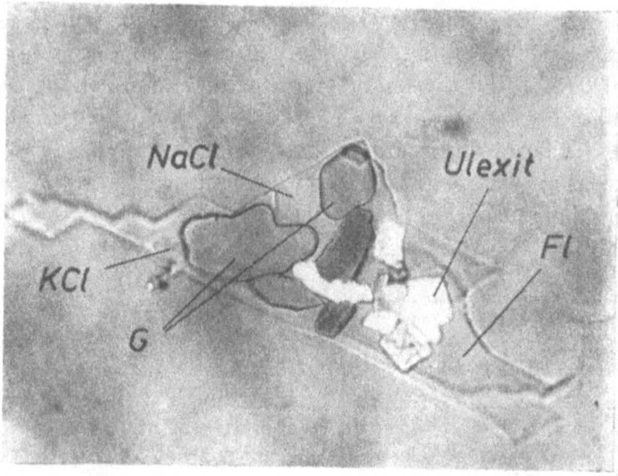

Abb. 16. Photo eines Mehrphaseneinschlusses im Topas vom Schneckenstein (sächsisches Erzgebirge). G = Gasblasen, Fl = Flüssigkeit (aus Thomas 1980)

meter bestimmen lassen. Allerdings setzen alle diese Methoden voraus, daß es sich um primäre Einschlüsse handelt und nicht um sekundär gebildete, was nicht immer eindeutig zu unterscheiden ist. Ein gutes Beispiel eines mehrphasigen, teilweise kristallisierten Einschlusses zeigt Abb. 16. Dieses Bild deutet an, mit welcher substantiellen Vielfalt und Konzentration die ursprünglichen mineralbildenden Lösungen auftraten.

4.8. Isotopendaten

Auch die Isotopenvariationen einiger stabiler Elemente (O, S, C, N, H u. a.) sind ausgezeichnete genetische Indikatoren. Das liegt einmal an ihrer empfindlichen Reaktion gegenüber physikochemischen und z. T. biologischen Einflüssen, aber auch an ihrer Aussagekraft bei Mischungen von Isotopen verschiedener Quellen. Es ist nicht möglich, auf diese vielschichtige Problematik näher einzugehen. Es soll vielmehr an wenigen einfachen Beispielen aus dem hydrothermalen und sedimentären Bereich die theoretische und praktische Nützlichkeit von O- und S-Isotopenuntersuchungen an Mineralen nachgewiesen werden.

Abb. 17 zeigt, welche signifikanten Unterschiede die Sauerstoffisotopenwerte der Freiberger kb-Formation von den genetisch andersartigen fba-Mineralisationen Freibergs, des Thüringer Waldes und des Harzes haben. Weiterhin lassen die $\delta^{18}O$-Werte unter bestimmten Bedingungen ablesen, daß die Mineralisation der kb-Formation eine relativ „heiße“ Bildung sind, während

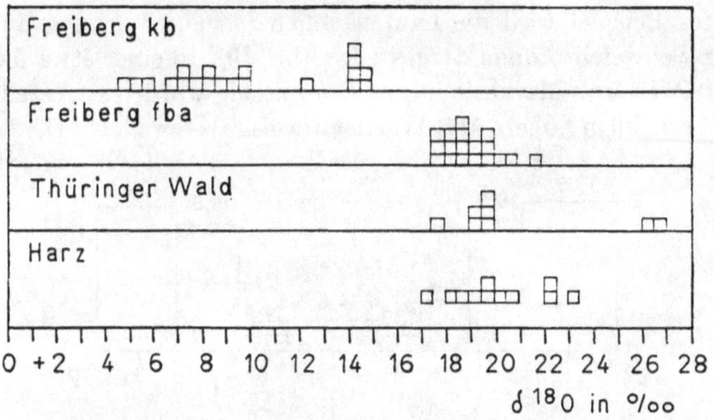

Abb. 17. Sauerstoffisotopenwerte von hydrothermalen Quarzen des Harzes, des Thüringer Waldes und der kb- und fba-Formation der Freiberger Vererzung (HARZER 1970)

die anderen Vererzungen bei wesentlich niedrigeren Temperaturen (um 200 °C) entstehen.

In Abb. 18 sind die Sauerstoffisotopenwerte in einem Salinarprofil an der Umwandlungsgrenze von Carnallit zum Sylvin aufgetragen. Die δ^{18}O-Werte, die im unveränderten Carnallitit etwa um 5 bis 7% liegen, nehmen im Lösungskontakt zum Sylvinit auf $\pm 0\%$ ab, was wahrscheinlich auf die Reaktion mit überwiegend „vadosen" Wässern zurückzuführen ist. Mit dieser Methode kann man bei bergbaulichen Auffahrungen die Nähe der gesuchten Umwandlungszone des Sylvinits erkennen.

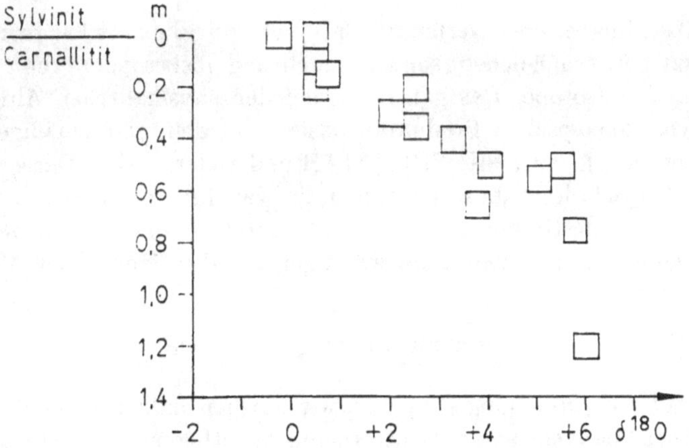

Abb. 18. Änderung der δ^{18}O-Werte des Kristallwassers mit zunehmender Entfernung von der Carnallitit-Sylvinit-Grenze (KOCH u. VOGEL 1980)

Als letztes Beispiel wird die hauptsächlich biogene Wirkung auf die Verteilung von Schwefelisotopen dargestellt (Abb. 19). In einer etwa 5 cm großen Knolle aus Pyrit und Markasit in der Braunkohle wurde festgestellt, daß der äußere Teil erheblich höhere $\delta^{34}S$-Werte aufweist als der Kern. Die hohen posi-

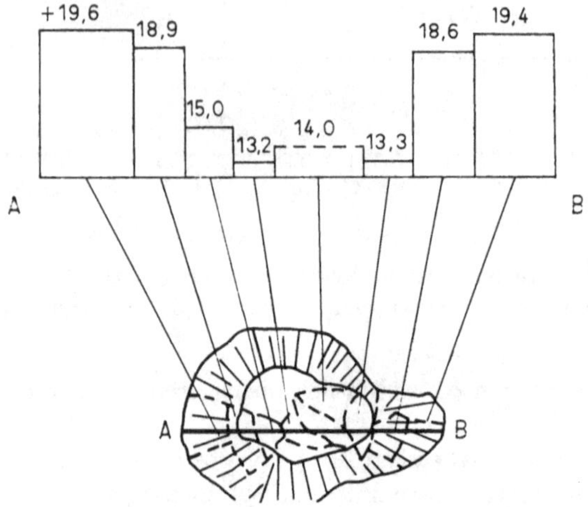

Abb. 19. Verteilung der S-Isotopenwerte (als $\delta^{34}S$ mit Meteoritenstandard) in einer Pyrit-Markasit-Knolle aus der Lausitzer Braunkohle (Hahne u. Rösler 1983)

tiven Werte weisen auf eine Reduktion des Schwefels aus marinem Sulfat hin, die Zunahme nach außen auf die abnehmende Sulfatkonzentration im Sediment.

Zum Abschluß sei noch vermerkt, daß nicht nur die stabilen Isotope genetische Aussagen ermöglichen, sondern auch und insbesondere die radiogenen oder instabilen Isotope. Das ganze System der physikalischen Altersbestimmungen von geologischen Produkten basiert auf dem gesetzmäßigem Zerfall solcher Isotope wie ^{238}U, ^{40}K, ^{87}Rb, ^{14}C, ^{3}H und anderer. Eine Darlegung, auch an Beispielen, würde in diesem Rahmen zu weit führen. Wichtig ist die Tatsache, daß die Bestimmung des sog. absoluten Alters zu den genetischen Grunddaten gehört und damit ein wichtiger Teil der Genetischen Mineralogie ist.

5. Zusammenfassung und Ausblick

Die Genetische Mineralogie ist, wie wir gesehen haben, nicht dadurch gekennzeichnet, daß sie eigene Untersuchungsmethoden erarbeitet; vielmehr nutzt sie bewährte und modifizierte Beobachtungen und Analysenergebnisse für genetische Aussagen. Die Beziehungen zwischen den Eigenschaften der

Minerale und ihrer Geschichte bzw. Genese sind bei weitem noch nicht voll erkannt und ausgeschöpft, deren Erkennen erfordert noch sehr viel gezielte Grundlagenforschung. Alle Fortschritte, vor allem in Physik, Chemie, Biologie und Technologie, sind zu nutzen, um weitere und vertiefte, auch eindeutigere genetische Indizien zu erhalten unter dem gesicherten Aspekt, daß die Genese der Minerale und der gesamten geologischen Materie sowohl einer der Schlüssel für eine verbesserte geologisch-stratigraphisch-tektonische Analyse als auch für eine optimale Suche, Erkundung und z. T. auch Gewinnung mineralischer Rohstoffe ist. Allerdings ist stets ein gewisser Unbestimmtheitsgrad zu berücksichtigen, dem fast alle geowissenschaftlichen Forschungen und Aussagen wegen der vielseitigen und zum Teil nicht einmal bekannten Einflußnahme auf die Mineralbildung unterliegen. Es ist also bei allem Streben nach neuen Erkenntnissen auf diesem Gebiet stets ein verantwortungsvolles Herangehen bei der Interpretation zu gewährleisten.

Wenn auch die Genetische Mineralogie nicht den einzigen ökonomisch nutzbaren Ansatz der Mineralogie bietet, sollte gerade diese Richtung wegen ihres modernen und komplexen Herangehens an die alte Aufgabe der Geowissenschaften, dem Menschen mehr brauchbare mineralische Rohstoffe zu beschaffen, besonders gefördert werden.

Herrn Dr. rer. nat. JÖRG HAMMER (Freiberg) danke ich vielmals für seine Unterstützung. Herr Prof. Dr. F. RICHTER (Freiberg) war so freundlich, das Manuskript kritisch durchzusehen und einige wichtige Hinweise zu geben, wofür ich mich gleichfalls sehr herzlich bedanke.

LITERATUR

BAUMANN, L.: Tektonik und Genesis der Erzlagerstätte von Freiberg. – Leipzig: Dt. Verlag für Grundstoffindustrie, 1958. – (Freiberger Forsch.-H.; C 46).

BORCHERT, H.: Lernblätter zur Geochemie und Lagerstättenlehre. – Essen: Verlag Glückauf, 1978.

BUBNOFF, S. v.: Grundprobleme der Geologie. – Berlin: Akademie-Verlag, 1954.

ERBEN, H. K.: Die Biomineralisation: ein Grenzflächenprozeß zweier Systeme. – Nova Acta Leopoldina 47 (1975) Nr. 226.

FEDOROVSKY, A. G.: Genetische Mineralogie. – Petrograd: NTO VSNX, 1920. – Russ.

GRIGORIEV, D. P.; ŽABIN, A. G.: Ontogenie der Minerale. – Moskva: Izd. Nauka, 1975. – Russ.

HAHNE, H.; RÖSLER, H. J.: Zur Schwefelverteilung und -bindung in Braunkohlen der DDR. – Vortrag 30. Jahrestagung Gesellsch. geol. Wiss. DDR, Cottbus, 1983.

HARZER, D.: Isotopengeochemische Untersuchungen des Sauerstoffs und Kohlenstoffs hydrothermaler Lagerstätten. – Leipzig: Dt. Verlag für Grundstoffindustrie, 1970. – (Freiberger Forsch.-H.; C 247).

JUŠKIN, N. P.: Theorie und Methoden der Mineralogie. – Leningrad: Izd. Nauka 1977. – Russ.

KNABE, H.-J.: Analytische Bestimmung und geochemische Verteilung der gesteinsbildenden Gase im Salinar der DDR. – 1985. – Freiberg, Bergakad., Diss. A.

KOCH, K.; VOGEL, J.: Zu den Beziehungen von Tektonik, Sylvinitbildung und Basaltintrusion im Werra-Kaligebiet. – Leipzig: Dt. Verlag für Grundstoffindustrie, 1980. – (Freiberger Forsch.-H.; C 347).

KOSTOV, J.: Mineralogy. – Edinburgh; London: Oliver and Boyd, 1968.

PERČUK, L. L.: Das Biotit-Granat-Geothermometer. – Dokl. Akad. Nauk SSSR 177 (1969), 131–134. – Russ.

RÖSLER, H. J.: Lehrbuch der Mineralogie. – 3. Aufl. – Leipzig: Dt. Verlag für Grundstoffindustrie, 1984.

RÖSLER, H. J.; BAUMANN, L.; BOLDUAN, H. (Hrsg.): Wissenschaftliche Arbeitstagung des Fachverbandes Mineralogie. – Leipzig: Dt. Verlag für Grundstoffindustrie, 1964. – (Freiberger Forsch.-H.; C 181).

RÖSLER, H. J.; LANGE, H.: Geochemische Tabellen. – 2. dt. Aufl. – Leipzig: Dt. Verlag für Grundstoffindustrie, 1975.

THOMAS, R.: Untersuchungen von Einschlüssen zur thermodynamischen und physikochemischen Charakteristik lagerstättenbildender Lösungen und Prozesse im magmatischen und postmagmatischen Bereich. – 1979. – Freiberg, Bergakad., Diss. A.

WATZNAUER, A.: Gemeinsame Aspekte und Probleme in Physik und Geologie. — Ann. Physik, Leipzig, 7. Folge, **42** (1985) 4–6, 533–536.

WINKLER, H. G. F.: Die Genese der metamorphen Gesteine. — 2. Aufl. — Berlin; Heidelberg; New York: Springer Verlag, 1967.

SITZUNGSBERICHTE DER SÄCHSISCHEN AKADEMIE DER WISSENSCHAFTEN ZU LEIPZIG

MATHEMATISCH-NATURWISSENSCHAFTLICHE KLASSE

Band 112

Heft 1 Prof. Dr. WALTER BREDNOW, Spiegel, Doppelspiegel und Spiegelungen – eine „wunderliche Symbolik" Goethes 1975. 28 Seiten – 4 Abbildungen – 8° – M 3,–

Heft 2 Prof. Dr. ARTHUR LÖSCHE, Über negative absolute Temperaturen. Eine Einführung 1976. 26 Seiten – 12 Abbildungen – 8° – M 4,–

Heft 3 Prof. Dr. med HERBERT JORDAN, Kurorttherapie: Prinzip und Probleme 1976. 31 Seiten – 10 Abbildungen – 1 Tabelle – 8° – M 4,50

Heft 4 Prof. Dr. FRIEDRICH WOLF / Dr. PETER FRÖHLICH, Zur Druckabhängigkeit von Ionenaustauschreaktionen 1977. 13 Seiten – 6 Abbildungen – 1 Tabelle – 8° – M 2,–

Heft 5 Prof. Dr. DIETRICH UHLMANN, Möglichkeiten und Grenzen einer Regenerierung geschädigter Ökosysteme 1977. 50 Seiten – 20 Abbildungen – 2 Tabellen – 8° – M 6,50

Heft 6 Prof. Dr. ERICH RAMMLER, Zwei Jahrzehnte Entwicklung des Einsatzes der Energieträger Kohle und Erdöl im Weltmaßstab 1977. 29 Seiten – 6 Abbildungen – 4 Tabellen – 8° – M 4,–

Heft 7 Prof. Dr. ULRICH FREIMUTH, Umweltprobleme in der Ernährung 1977. 32 Seiten – 3 Abbildungen – 4 Tabellen – 8° – M 4,–

Band 113

Heft 1 Prof. Dr. ERICH LANGE, Allgemeingültige Veranschaulichung des II. Hauptsatzes 1978, 22 Seiten – 10 grafische Darstellungen – 8° – M 4,–

Heft 2 Prof. Dr. HERBERT BECKERT, Bemerkungen zur Theorie der Stabilität 1977. 19 Seiten – 8° – M 2,50

Heft 3 Prof. Dr. sc. KLAUS DÖRTER, Probleme und Erfahrungen bei der Entwicklung einer intensiven landwirtschaftlichen Produktion im Landschaftsschutzgebiet des Harzes 1978. 20 Seiten – 6 Abbildungen, davon 4 farbige auf 2 Tafeln – 2 Tabellen – 8° – M 7,–

Heft 4 Prof. Dr. sc. med. HANS DRISCHEL, Elektromagnetische Felder und Lebewesen 1978. 31 Seiten – 14 Abbildungen – 2 Tabellen – 8° – M 5,–

Heft 5 Prof. Dr. MANFRED GERSCH, Wachstum und Wachstumsregulatoren der Krebse. Biologische Erkenntnisse und generelle Erwägungen 1979. 32 Seiten – 13 Abbildungen – 1 Tabelle – 8° – M 6,–

Heft 6 Prof. Dr. rer. nat. FRIEDRICH WOLF / Dr. rer. nat. URSULA KOCH, Über den Einfluß der chemischen Struktur von Dispersionsfarbstoffen auf deren Dispersionsstabilität 1979. 18 Seiten – 3 Abbildungen – 10 Tabellen – 8° – M 3,50

Heft 7 Prof. Dr. rer. nat. FRIEDRICH WOLF / Dr. rer. nat. WOLFGANG HEYER, Zur Sorption an Tetracalciumaluminathydroxysalzen 1980. 12 Seiten – 5 Abbildungen – 4 Tabellen – 8° – M 2,–

Band 114

Heft 1 Prof. Dr. HASSO ESSBACH, Morphologisches zur orthologischen und pathologischen Differenzierung und zum Anpassungs- und Abwehrvermögen der menschlichen Placenta 1980. 19 Seiten – 12 Abbildungen – 8° – M 4,–

Heft 2 Prof. Dr. med. WERNER RIES, Risikofaktoren des Alterns aus klinischer Sicht 1980. 19 Seiten – 9 Abbildungen, davon 1 Abbildung auf Tafel – 8° – M 4,–

Heft 3 Prof. Dr. OTT-HEINRICH KELLER, Anschaulichkeit und Eleganz beim Alexanderschen Dualitätssatz 1980. 19 Seiten – 8° – M 4,–

Heft 4 Prof. Dr. rer. nat. BENNO PARTHIER, Die cytologische Symbiose am Beispiel der Biogenese von Zellorganellen 1981. 29 Seiten – 16 Abbildungen – 2 Tabellen – 8° – M 6,–

Heft 5 Prof. Dr. F. WOLF / Dr. S. ECKERT / Dr. M. WEISE / Dr. S. LINDAU, Untersuchungen zur Synthese und Anwendung bipolarer Ionenaustauschharze 1980. 12 Seiten – 6 Tabellen – 8° – M 2,–

Heft 6 Prof. Dr. med. HERBERT JORDAN, Balneobioklimatologie – Eine Zielstellung im Mensch-Umwelt-Konzept 1981. 25 Seiten – 8 Abbildungen – 1 Tabelle – 8° – M 4,–

Band 115

Heft 1 Prof. Dr. rer. nat. HERMANN BERG, Wilhelm Ostwald – Erkenntnisse über die Biosphäre
1981. 36 Seiten – 7 Abbildungen – 3 Tabellen – 8° – M 6,–

Heft 2 Prof. Dr. sc. KLAUS DÖRTER, Aphorismen zur Qualität des Bewässerungswassers
1981. 31 Seiten – 11 Abbildungen – 11 Tabellen – 8° – M 6,–

Heft 3 Prof. Dr. Ing. Dr. rer. nat. h. c. PAUL GÖRLICH, Die geschichtliche Entwicklung des wissenschaftlichen Gerätebaus und seine zukünftige Bedeutung 1981. 36 Seiten – 8° – M 6,–

Heft 4 Prof. Dr. WOLFGANG BUCHHEIM, Albert Einstein als Wegbereiter nachklassischer Physik
1981. 29 Seiten – 8° – M 4,–

Heft 5 Prof. Dr.-Ing. HERBERT KRUG, Die Technologie der Brikettierung von Weichbraunkohle im Lichte der Verfahrenstechnik und der besseren Nutzung dieses Energieträgers
1982. 20 Seiten – 13 Abbildungen – 8° – M 3,–

Heft 6 Prof. Dr. ERNST NEEF, Der Verlust der Anschaulichkeit in der Geographie und das Problem der Kulturlandschaft 1981. 34 Seiten – 8° – M 5,–

Band 116

Heft 1 Prof. Dr. WERNER RIES, Studium zum biologischen Alter
1982. 27 Seiten – 10 Abbildungen – 8° – M 4,–

Heft 2 Prof. Dr. RUDOLF SACHSENWEGER, Augenunabhängige optosensorische Wahrnehmungsformen
1983. 19 Seiten – 8° – M 4,–

Heft 3 Prof. Dr. HANS-GEORG SCHÖPF, Die Griechen und die Natur 1983. 62 Seiten – 8° – M 8,–

Heft 4 Prof. Dr. Ing. JAN BENETIN, Mathematisches Modell für das Wachstum von landwirtschaftlichen Kulturen und seine Verwertung in der quantitativen Beurteilung des Bewässerungseffektes auf die Steigerung der Ernteerträge 1983. 36 Seiten – 18 Abbildungen – 3 Tabellen – 8° – M 6,–

Heft 5 Prof. Dr. HANS DRISCHEL, Neues über die Pupille
1983. 30 Seiten – 26 Abbildungen – 8° – M 4,–

Heft 6 Prof. Dr. BENNO PARTHIER, Der Beitrag der Molekularbiologie zur Evolutionserkenntnis
1983. 41 Seiten – 19 Abbildungen – 2 Tabellen – 8° – M 6,–

Heft 7 Prof. Dr. ADOLF WATZNAUER, Die Rolle des Radons (Isotop ^{222}Rn) als Umweltfaktor – eine Übersicht
1983. 34 Seiten – 3 Abbildungen – 4 Tabellen – 8° – M 5,–

Band 117

Heft 1 Prof. Dr. sc. KLAUS DÖRTER, Einige Aspekte zum landeskulturellen Nutzen des Meliorationswesens
1984. 31 Seiten – 10 Abbildungen – 11 Tabellen – 8° – M 8,–

Heft 2 Prof. Dr. HERBERT BECKERT, Nichtlineare Elastizitätstheorie 1984. 58 Seiten – 8° – M 8,–

Heft 3 Prof. Dr. HERBERT JORDAN, Zur funktionellen Normalität des Menschen
1984. 29 Seiten – 15 Abbildungen – 1 Tabelle – 8° – M 4,–

Heft 4 Dr. ARND BERNHARDT / KLAUS-DIETER JÄGER / KARL MANNSFELD / INGE HARTSCH, Beiträge zum Problemkreis des Landschaftswandels
1985. 101 Seiten – 3 Abbildungen – 5 Tabellen – 2 Übersichten – 8° – M 14,–

Heft 5 Prof. Dr. OTT-HEINRICH KELLER, Das Zählen als angeborene Verhaltensweise
1984. 36 Seiten – 11 Abbildungen – 8° – M 6,–

Heft 6 Prof. Dr. WOLFGANG BUCHHEIM, Komplementarität nach Niels Bohr – physikgeschichtliche Episode oder universale Kategorie von Ergänzung? 1984. 30 Seiten – 3 Tabellen – 8° – M 4,–

Heft 7 Prof. Dr. BENNO PARTHIER, Gene, Gentechnik, Genmanipulation
1984. 28 Seiten – 7 Abbildungen – 8° – M 4,–

Band 118

Heft 1 Prof. Dr. HANS JÜRGEN RÖSLER, Geowissenschaften und Geochemie
1985. 25 Seiten – 11 Abbildungen – 8° – M 4,–

Heft 2 Prof. Dr. HERBERT BECKERT, Axiomatik – Mathematik und Erfahrung
1985. 19 Seiten – 8° – M 3,–

Heft 3 Prof. Dr. HERMANN BERG, Zellfusion, Transformation und Pharmakainkorporation durch Elektrostimulation 1985. 27 Seiten – 15 Abbildungen – 8° – M 4,–

Heft 4 Prof. Dr. N. JOACHIM LEHMANN, Die analytische Maschine, Grundlagen einer Computer-Analytik
1985. 64 Seiten – 5 Abbildungen – 8° – M 4,–

Heft 5 Prof. Dr. DIETRICH UHLMANN, Die anthropogene Eutrophierung der Gewässer – Ein umkehrbarer Prozeß? 1985. 32 Seiten – 16 Abbildungen – 8° – M 4,–

Heft 6 Prof. Dr. FRIEDRICH WOLF, Dr. MAGDALENE WEISE, Der Sirotherm-Prozeß – Ein Verfahren zur rationellen Wasserentsalzung 1986. 31 Seiten – 12 Abbildungen – 7 Tabellen – 8° – M 4,–

Heft 7 Prof. Dr. HERBERT JORDAN, Prof. Dr. WOLFGANG BUCHHEIM, Modellversuche zum Vervoreffekt nach V. VOUK unter biophysikalischen Gesichtspunkten 1986. 52 Seiten – 14 Abbildungen – 11 Tabellen – 8° – M 7,–

Band 119

Heft 1 Prof. Dr. WERNER RIES, Methoden und Erkenntnisse der Alternsforschung 1986. 31 Seiten – 20 Abbildungen – 8° – M 4,–

Heft 2 Prof. Dr. HEINZ PENZLIN, Die Erscheinung des Lebendigen in unserer Welt 1986. 91 Seiten – 10 Abbildungen – 3 Tabellen – 8° – M 12,–

Heft 3 Prof. Dr. HANS-HEINZ EMONS, Dr. sc. phil. Dr. rer. nat. HANS-HENNING WALTER, Historische Entwicklung und zukünftige Tendenzen der Siedesalz-Produktion unter besonderer Berücksichtigung der ehemaligen Salinen im sächsisch-thüringischen Raum 1986. 42 Seiten – 19 Abbildungen – 4 Tabellen – 8° – M 6,–

Heft 4 Prof. Dr. HERBERT JORDAN, „Basimetry": Ansätze einer chronotherapeutischen Urteilsbildung 1987. 31 Seiten – 16 Abbildungen – 1 Tabelle – 8° – M 4,–

Heft 5 Dr. sc. HARALD HILBIG, Existenzsätze für einige Totwasserprobleme der Hydrodynamik 1987. 101 Seiten – 21 Abbildungen – 8° – M 14,–

Heft 6 Prof. Dr. sc. med. RUDOLF SACHSENWEGER, Das Raumsehen bei bewegten Objekten auf das Basis der dynamischen Stereoskopie und der Bewegungsparallaktoskopie sowie seine Bedeutung für Arbeits- und Verkehrsmedizin *In Vorbereitung*

Band 120

Heft 1 Prof. Dr. HERMANN BERG u. a.: Kanzerostatische Anthrazykline, physikochemische Eigenschaften und Wirkungsmechanismen *In Vorbereitung*

Heft 2 Prof. Dr. ARTUR LÖSCHE, Der Kernspin: Von der Hypothese zum modernen Analysenwerkzeug. (Eine beinahe geschichtliche Betrachtung um der Sache willen) 1988. 25 Seiten – 18 Abbildungen – 8° – M 4,–

Heft 3 Prof. Dr. Dr. h. c. JOACHIM SCHARF, Anfänge von systematischer Anatomie und Teratologie im alten Babylon 1988. 63 Seiten – 18 Abbildungen – 8° – M 8,–

Heft 4 Prof. Dr. Hans JÜRGEN RÖSLER, Was sagt ein Mineral über seine Geschichte aus? Betrachtungen zur Genetischen Mineralogie *Vorliegendes Heft*

Heft 5 Prof. Dr. Fritz Müller, Dr sc. med. dent. Werner Mühle, Die Zöliakie – Eine besondere Form der Eiweißunverträglichkeit *In Vorbereitung*

Einzel- oder Fortsetzungsbestellungen durch eine Buchhandlung erbeten

Sitzungsberichte bis Band 108
durch das Zentralantiquariat der Deutschen Demokratischen Republik, Leipzig,
ab Band 109 durch die Universitätsbuchhandlung, 7010 Leipzig, zum Teil noch lieferbar

THEORIA CUM PRAXI

AKADEMIE-VERLAG BERLIN
DDR-1086 Berlin, Leipziger Straße 3–4

ISBN 3-05-500498-1
ISSN 0371-327X